Kollaborierende Roboter. Arbeitssicherheit, Einsatzmöglichkeiten, ethische Aspekte und Veränderungen der Arbeitswelt

Julia Wilckens

Bibliografische Information der Deutschen Nationalbibliothek:

Die Deutsche Nationalbibliothek verzeichnet diese Publikation in der Deutschen Nationalbibliografie; detaillierte bibliografische Daten sind im Internet über http://dnb.d-nb.de abrufbar.

ISBN: 9783346545152
Dieses Buch ist auch als E-Book erhältlich.

Nymphenburger Straße 86
80636 München

Druck und Bindung: Books on Demand GmbH, Norderstedt Germany
Gedruckt auf säurefreiem Papier aus verantwortungsvollen Quellen

Das Buch bei GRIN: https://www.grin.com/document/1151440

Kollaborierende Roboter

Der industrielle Montagehelfer

IKK69: Interdisziplinäre Kompetenz-technikorientiert

Inhaltsverzeichnis

I. Abbildungsverzeichnis

II. Abkürzungsverzeichnis

B

bspw. · beispielsweise
bzw. · beziehungsweise

O

o.g. · oben genannt

1. Einleitung

1.1. Relevanz und Problemstellung

„Die Gefahr, dass der Computer so wird wie der Mensch, ist nicht so groß wie die Gefahr, dass der Mensch so wird wie der Computer.“[1]

Viele Unternehmen sind von stetigen und dynamischen Veränderungen der Industrie geprägt. In Deutschland wird „Industrie 4.0“ im Zusammengang mit „Autonomik für Industrie 4.0“ thematisiert.[2] Diese Themen beinhalten bspw. die Verwendung von (teil-) autonomen Maschinen, verbunden mit künstlicher Intelligenz, im Bereich der Produktion, der Gewinnung von Energie, der Mobilität und der Gesundheit. Die Entwicklung der autonomen/teilautonomen Maschinen ist außerordentlich schnell vorangeschritten und in einigen Bereichen nicht mehr wegzudenken.[3] Ein nennenswertes Beispiel ist dabei der Autopilot eines Flugzeugs, welcher heutzutage seine Fortführung in der Automobilbranche findet. Besonders im Bereich der roboterbasierten Automation hat eine rasante Entwicklung stattgefunden. Insbesondere in der Produktion, im logistischen Bereich und in der Montage werden Roboter eingesetzt, um unter anderem unergonomische Tätigkeiten abzusetzen. In der Montage könnten sich Roboter als ausgesprochen produktiv erweisen, da 15-70% der Gesamtfertigungszeit dort eingesetzt wird. Dabei werden die Systeme in ihrem Automatisierungsgrad eingeteilt: automatisch, halbautomatisch, manuell.[4] Große Industrien wie beispielsweise die Automobilbranche und unter anderem Amazon bedienen sich heutzutage solcher Roboter, um bestimmte Prozesse zu automatisieren.[5] Die Einsatzbereiche dieser Roboter reichen von einer Vollautomatisierung in einem zutrittsbeschränkten Bereich, bis hin zu einer Kollaboration, also einer Mensch-Roboter-Kooperation oder auch mobilen Robotik.[6] Der manuelle Prozess in der Montage kann künftig von kollaborierenden Robotern unterstützt werden, da dieser auf die Fähigkeiten des Menschen angewiesen ist. Roboter und Mensch würden damit auf einer physischen Ebene zusammenarbeiten. Diese Art der Zusammenarbeit wirft viele

---

[1] (Zuse, 2005)
[2] Vgl. (Botthof, 2014 S. 3 ff.)
[3] Vgl. (Bendel, 2019)
[4] Vgl. (Rusch, 2020 S. 1228)
[5] Vgl. (Huber, 2018 S. 37 ff.)
[6] Vgl. (Botthof, 2014 S. 60)

Kritikpunkte und Fragen auf, da es sich um eine Veränderung innerhalb des Arbeitsprozesses handelt. Aspekte der Sicherheit und der Ethik stehen dabei besonders im Vordergrund.

1.2. Ziel und Aufbau der Arbeit

Das Themengebiet „kollaborierende Roboter“ bedarf einer genaueren Untersuchung und Forschung, da der physische Kontakt mit einem Roboter keineswegs abwegig ist. Die vorliegende Arbeit beschäftigt sich folglich mit *Aspekten der Arbeitssicherheit* in der Zusammenarbeit mit dem Menschen und der zusammenhängenden *Veränderung der Arbeitswelt*. Zusätzlich wird das *Einsatzfeld der Montage* von kollaborierende Robotern betrachtet und ferner auf *ethische Aspekte* eingegangen. Die vorbezeichneten Aspekte und die Untersuchung beziehen sich auf Prozesse in der Montage.

Die Ausarbeitung wird mit der Erläuterung von theoretischen Hintergründen initiiert, beginnend mit dem Begriff „kollaborierend“ im Zusammenhang mit Robotern. Anschließend muss der Begriff „Ethik“ näher erläutert werden. Ferner wird eine theoretische Ausarbeitung des Themas stattfinden, um den technischen Aufbau und die Besonderheiten der kollaborierende Roboter zu erschließen. Zudem wird das Einsatzgebiet der Montage analysiert, um eine mögliche Veränderung der Arbeitswelt in Bezugnahme auf kollaborierende Roboter zu detaillieren. Ethische Anhaltspunkte werden innerhalb der Veränderung der Arbeitswelt zusätzlich betrachtet.

2. Theoretische Grundlagen

2.1. Kollaborierende Roboter

Das Wort „kollaborieren“ wird in diesem Kontext als Zusammenarbeit zwischen Personen, Gruppen und Dingen verstanden. Oft findet man den Begriff „Kollaborationsroboter“ im Zusammenhang mit der Abkürzung „Cobots“. Zudem wird in der Literatur mehrfach der Begriff „Kooperations-Roboter“ verwendet, wobei berücksichtig werden muss, dass dieser größtenteils gleichbedeutend eingesetzt wird.

Der Anspruch an diese Art von Robotern ist, dass diese mit dem Mensch an einer gemeinsamen Aufgabe, an einem gemeinsamen Ziel, arbeiten. Der Roboter kann in diesem Zusammenhang als Partner angesehen werden. Die Frage, ob diese Kooperation als ebenbürtig und somit als ethisch korrekt anzunehmen ist, wird in den folgenden Kapiteln diskutiert. Kollaborierendes Arbeiten impliziert bei dieser Art und Weise der Zusammenarbeit, dass sich Mensch und Roboter physisch begegnen und Tätigkeiten ineinandergreifen können. Es findet folglich eine Aufteilung von Arbeitsprozessen zwischen Roboter und Mensch statt.[7] Anders als Industrieroboter werden kollaborierende Roboter als sogenannte Leichtbauroboter verwendet.

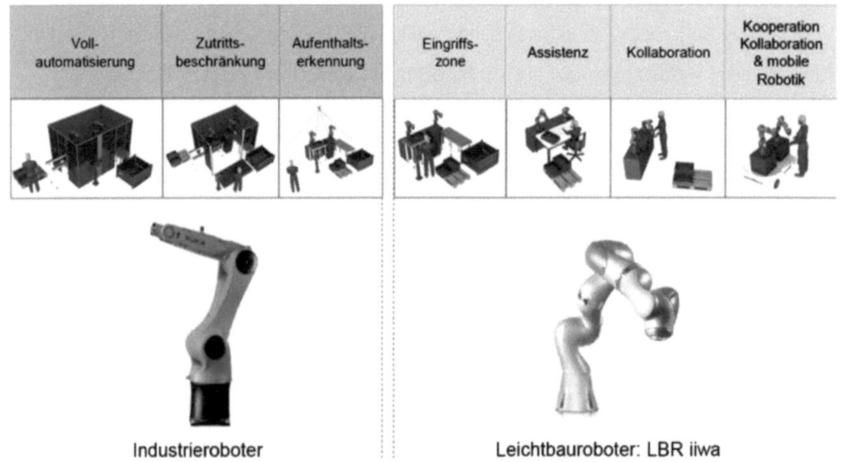

Abbildung 1: Stufen der Mensch-Roboter Kooperation-von der Vollautomatisierung bis zur Kooperation[8]

[7] Vgl. (Bendel, 2019)
[8] (Botthof, 2014 S. 60)

Leichtbauroboter ermöglichen einem Mobilität im Arbeitsumfeld und können somit zwischen mehreren Orten bewegt werden. Die o.g. Darstellung verdeutlicht die physische Zusammenarbeit ohne trennende Schutzeinrichtung. Der Arbeitsbereich wird dabei durch die internen Sensoren des Roboters überwacht, womit eine sichere Arbeitsumgebung geschaffen werden soll. Auch die geringe Masse der Roboter dient zum Schutz bei der Zusammenarbeit und begrenzt dabei die Kollisionskraft. Um eine sichere Kooperation zwischen Mensch und Roboter zu gewährleisten, wurden bestimmte Sicherheitsanforderungen in der ISO 10218-1,-2 festgelegt. Seit 2017 wurde eine ergänzende DIN ISO/TS 15066 für kollaborierende Industrierobotersysteme und ihre Arbeitsumgebung definiert.[9]

2.2. Ethik

Ethik wird als Lehre der Moral betrachtet und kann somit auch als „Moralphilosophie“ verstanden werden. Fraglich ist dabei, was unter Moral verstanden wird. Eine Moral dient zur Unterscheidung von dem „Guten“ und „Bösen“. Folglich werden durch diese Unterscheidung bestimmte Regeln bzw. Normen des menschlichen Handelns festgelegt.

Besonders im Rahmen der Arbeitsbedingungen steht die Moral im Vordergrund. In der Diskussion steht dabei die Sozial-und Arbeitsethik. Im Bereich der Robotik, die eng in Verbindung mit Automatismen stehen, stellen sich aufgrund der Überwachung mit Hilfe von Sensoren etc. Fragen der Nachhaltigkeit auf. Folglich werden in der Ethik die Interessen der Arbeitnehmer bzw. Bürger vertreten, um soziale Aspekte unter ethischen Rahmenbedingungen abzustimmen. Ethik betrachtet im Kontext mit kollaborierenden Robotern die sogenannten „soziotechnischen Systeme“. Dabei werden unter anderem die Wechselwirkungen nach der Einführung der Roboter am Markt für die Gesellschaft betrachtet und ein langfristiger, nachhaltiger Blick in die Zukunft geworfen.[10] Diese Art von Arbeitsethik kann zusätzlich zu einem unternehmerischen Erfolg führen, da die Komplexität der wechselwirkenden Beziehungen verstanden wird und letztendlich ausschlaggebend für eine Systemstabilität am Markt ist. Arbeitskultur und Wertevorstellungen werden damit auf einen hohen Standard gesetzt und sorgen gleichermaßen für einen attraktiven Arbeitsmarkt.

---

[9] Vgl. (Sagert, 2017)

[10] Vgl. (Steffen, 2020 S. 168 ff.)

In der vorliegenden Arbeit werden folglich Aspekte diskutiert, die sich mit folgenden Fragen beschäftigen:

- Wie viel Autonomie verträgt eine Gesellschaft und ihre Umwelt?
- Was sind ethische Herausforderungen im Zusammenhang mit kollaborierenden Robotern?

3. Technischer Aufbau & Merkmale des kollaborierenden Roboters

3.1. Stand der Technik

Im Kapitel 2.1 wurde bereits erwähnt, dass es sich bei kollaborierenden Robotern um Leichtbauroboter ohne trennende Schutzeinrichtung handelt. Um das Gewicht möglichst gering zu halten, werden Cobots meist aus Aluminium gefertigt. Die direkte Zusammenarbeit kann lediglich durch nichttrennende Schutzeinrichtungen wie bspw. Schaltmatten oder Lichtschranken beschränkt werden. Durch die DIN ISO/TS 15066 wurden technische Spezifikationen an die Mensch-Roboter-Kollaboration (MRK) festgelegt. So ist die Geschwindigkeit eines solchen Roboters, in der Zusammenarbeit mit dem Menschen, nicht wesentlich schneller als ein menschlicher Bewegungsablauf, um die maximal wirkende Kraft durch Begrenzung von Drehmomenten zu verringern. Das Drehmoment wird in seiner Kraft geringgehalten, da es sonst für den Roboter schwieriger wird zwischen kollisions- und arbeitsbedingten Drehmomenten zu unterscheiden. Zusätzlich sollte die zu tragende Masse eingegrenzt werden, da die Gefährdung gegenüber des Menschen stetig steigt, umso größer die zu bewegende Traglast ist.[11] Systemkomponenten, die in Kontakt mit den Menschen kommen können, werden abgerundet und gepolstert angefertigt. Zudem sind spitze Oberflächen zu vermeiden.

Ein Cobot besteht aus einem Einzel- oder Doppelarm mit mehreren Achsen, in denen sich Gelenkmomentsensoren. Dabei wird bspw. eine Last mit einer bestimmten Geschwindigkeit bewegt, wobei der Roboter durch seine intelligente Steuerungstechnik erkennt wie viel Drehmoment benötigt wird, um eine bestimmte, programmierte Bewegung auszuführen. Zusätzlich dienen die Sensoren zur Erkennung von Kräften, um einer Kollision entgegenzuwirken. Die Geschwindigkeit des Roboters und die kinetische Energie wird somit reduziert. Durch sogenanntes „Teachen“ wird der Cobot programmiert. Dieser wird durch bestimmte Pfade geführt

[11] Vgl. (Matthias, et al., 2013 S. 3 ff.)

oder an eine gewünschte Position gebracht, um diese Ausführung schließlich zu speichern und autonom durchzuführen. Die Bedienung findet dabei bspw. über ein Tablet mit integrierter Software statt. Cobots bilden damit eine enge Schnittstelle zu ihrer modernen Softwaretechnologie. Durch die hochsensible Sensorik kann mit Hilfe von Berührungen eine Steuerung ausgeführt werden, ohne diese zusätzlich zu programmieren. Der Roboter weicht dabei dem Druck in die jeweilige Achsrichtung zur entgegengesetzter Kraftrichtung aus. Durch den Leichtbau der Cobots ist es möglich diesen je nach Bedarf mobil und an immer wieder wechselnden Orten einzusetzen. Ferner können die Roboter an beliebigen Einbaulagen montiert werden (horizontal, vertikal).[12]

Kollaborierende Roboter lassen sich durch ihre Nutzlast/Traglast, Reichweite und Wiederholgenauigkeit unterscheiden. In der nachfolgenden Tabelle wurden verschiedene Unternehmen herangezogen, die sich auf die Fertigung von kollaborierenden Robotern spezialisiert haben und sich anhand der o.g. Kriterien unterscheiden.

	KUKA (LBR iiwa)	**FANUC (CR-35iA)**	**Universal-Robots (UR 16e)**	**ABB (GOFA)**
Anzahl der Achsen	7	6	6	6
Eigengewicht	22,3 kg	990 kg	28, 9 kg	27 kg
Nenn-Traglast	14 kg	35 kg	10 kg	5 kg
Reichweite	820 mm	1813 mm	1300 mm	950 mm
Wiederholungsgenauigkeit	± 0,15 mm	± 0,03 mm	± 0,1 mm	± 0,05 mm

Abbildung 2: Technische Daten von Cobots[13]

Jedes dieser Unternehmen bietet eine Vielzahl von kollaborierenden Robotern, mit unterschiedlicher Reichweite, Traglast etc. Es lässt sich jedoch erschließen, dass umso größer die Traglast und die Reichweite werden, desto schwerer wird auch das Eigengewicht. Die Anzahl der Achsen bestimmt die Flexibilität eines Cobots. Die Widerholungsgenauigkeit spielt besonders in der Montage eine entscheidende Rolle, da der Roboter immer gleichbleibende Bewegungen

---

[12] Vgl. (o.V., 2021)

[13] Eigene Darstellung in Anlehnung an (o.V., 2021), (o.V., 2020), (o.V., 2021)

ausführt, die ein Mensch nur schwer erreichen kann. Folglich kann der Einsatz von kollaborierenden Robotern auch eine höhere Qualität hervorbringen.[14]

3.2. Arbeitssicherheit

Um die Sicherheit in der Zusammenarbeit mit Personen zu gewährleisten, wurden einige Stoppfunktionsarten integriert, die in folgender Abbildung veranschaulicht wurden:

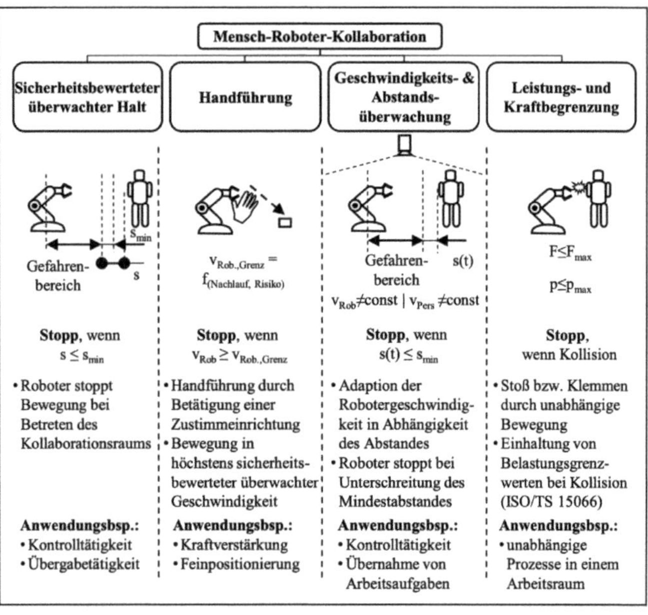

Abbildung 3: Stoppfunktionsarten einer Mensch-Roboter-Kollaboration[15]

Dargestellt werden verschiedene Stoppfunktionsarten, die bei Kontakt mit Personen eine Sicherheit gewährleisten: Der sicherheitsbewerteter, überwachter Halt, die Handführung, die Geschwindigkeits- und Abstandsüberwachung, die Leistungs- und Kraftbegrenzung.

Im ersteren Fall stoppt der Roboter seine programmierte Arbeit durch Personendetektionssysteme, welche das Betreten des Arbeitsbereich durch einen Menschen erkennt. Der Wiederanlauf beginnt erst wieder nach Bestätigung des Zustimmschalters. Daraufhin bewegt sich der Roboter in einer

[14] Vgl. (Buxbaum, et al., 2020 S. 24)
[15] (Schleicher, 2019 S. 12 ff.)

gedrosselten Geschwindigkeit, die nach DIN EN ISO 13855 genormt ist. Diese sichere Geschwindigkeit ist auch in der zweiten Stoppfunktion (Handführung) geregelt. Zusätzlich muss sich ein NOT-HALT-Schalter in greifbarer Nähe befinden.

Die Geschwindigkeits- und Abstandsüberwachung regelt nach DIN EN ISO 13855 einen minimalen Sicherheitsabstand (smin) und legt die sich zu regulierende Geschwindigkeit des Roboters fest.

Die Leistungs-und Kraftbegrenzung dient der Erkennung von zu großer Krafteinsetzung des Roboters. Die eingebauten Sensoren des Roboters stellen folglich fest, ob ein Stoß, bzw. eine Klemmung vorliegt. Die Belastungswerte bei einer Kollision sind ferner nach DIN EN ISO/TS 15066 genormt. Dabei ist eine Berührung des Roboters mit dem Menschen durchaus zulässig, jedoch unter Einhaltung bestimmter biomechanischer Grenzwerte. Weitere Sicherheitsanforderungen, die zur Risikobeurteilung von Robotern dienen, sind in der ISO 10218-1,-2 genormt.[16]

3.3. Besonderheiten von kollaborierenden Robotern

Das größte und relevanteste Merkmal eines Cobots ist, wie schon mehrfach erwähnt, die enge Zusammenarbeit mit dem Menschen. Kollaborierende Roboter arbeiten in unmittelbarer Nähe mit einer Person zusammen, ohne schwerwiegende Kollisionen zu verursachen. Durch die fehlenden Sicherheitseinrichtungen kann Platz gespart und somit effektiver gearbeitet werden. Zusätzlich können auch individuelle, kleine Aufträge kostengünstig produziert werden, da Cobots bereits ab niedrigen Losgrößen gewinnbringend arbeiten. Folglich kann bereits das Montieren von Kleinstteilen durch kollaborierende Roboter stattfinden. Monotone Arbeit wird durch die Flexibilität und Genauigkeit wiederholender Prozesse von Robotern ersetzt. Eine weitere Besonderheit gegenüber den Industrierobotern ist die einfache Programmierbarkeit eines Cobots. Durch maschinelles Lernen kann der Roboter in neuen Situationen wie bspw. einer anderen Platzierung oder Form eines neunen zu bewegenden Gegenstands seine programmierte Bewegung korrekt ausführen. [17]

Unabhängig von den genannten Vorteilen, die ein Cobot in der Industrie mit sich bringt, gibt es weitere Besonderheiten. Kollaborierende Roboter sind von elementaren Bewegungsabläufen des

[16] Vgl. (Buxbaum, et al., 2020 S. 30)

[17] Vgl. (Rusch, 2020 S. 1129 ff.)

menschlichen Arms inspiriert. Man spricht in diesem Zusammenhang von bionischen Entwicklung und Ansätzen. Nicht nur die Bewegungsabläufe, sondern auch die Nachgiebigkeit und die Anpassung an die menschliche Arbeitsgeschwindigkeit stehen dabei im Vordergrund. Ähnliche Reflexe wie die eines menschlichen Körpers lassen den Roboter durch seine verbauten Sensoren in den Achsen auf Kollisionen reagieren.[18]

4. Kollaborierende Roboter in der Montage

4.1. Einsatzfeld Montage

Die Montage steht in der Produktionskette an letzter Stelle nach der Teilfertigung und bildet somit den wichtigsten Abschnitt in der Wertschöpfung. Das Montageprinzip beschreibt das Zusammenfügen von mehreren Teilsystemen und fasst dabei alle Vorgänge zusammen, die für den Zusammenbau des Endproduktes essentiell sind. Aus Einzelteilen werden Baugruppen und aus Baugruppen der komplexe, bestimmte Körper hergestellt. Montageprozesse beschreiben die Tätigkeiten des Aufnehmen, Platzieren, Hilfsmittel handhaben, Betätigen und Bewegen. Ziel ist es dabei die Liefertermine und Qualitätsvorgaben einzuhalten. Ebenso wichtig ist die Einhaltung der Wertschöpfungstiefe. Die Montage steht im engen Zusammenhang mit der wirtschaftlichen Herstellung: Arbeitskosten, Durchlaufzeiten und Einkaufspreise sind entscheidende Faktoren einer wirtschaftlichen Herstellung.

Ferner werden Produktionsarten anhand ihrer Häufigkeit unterschieden. So weisen bspw. Einmalproduktionen eine geringere Stückzahl und Produktivität auf, bieten dabei jedoch eine höhere Variantenvielfalt und Flexibilität. Andersherum verhält es sich bei der Wiederholproduktion oder auch Massenproduktion wie bspw. der Herstellung von Schrauben. In der Massenproduktion ist von einer hohen Automatisierung zu sprechen, wobei in der Produktion mit hoher Variantenvielfalt ebenso hybride Lösungen angewendet werden.

In der Montage wird von verschiedenen Strukturen der Montageprinzipien gesprochen:

[18] Vgl. (Schulthess, et al., 2014 S. 163 ff.)

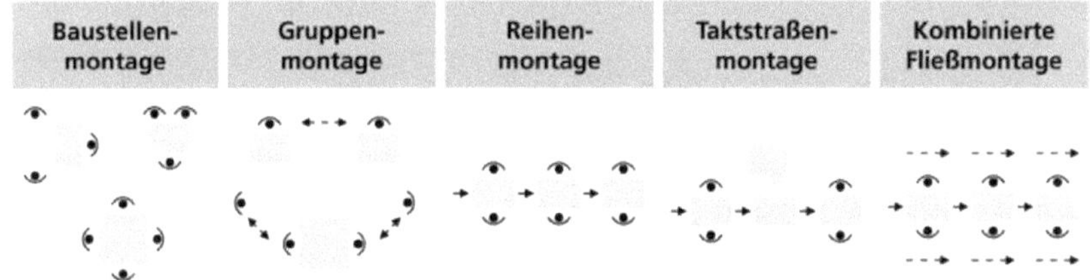

Abbildung 4: Struktur der Montageprinzipien[19]

Im Bereich der Baustellenmontage ist der Arbeitsbereich nicht flexibel, wobei die Ressourcen bewegt werden müssen. Die Planung der Verwendung von Betriebsmitteln ist in diesem Bereich eine Herausforderung, ebenso wie der Platzbedarf.

In der Gruppenmontage erfolgt ebenso wie in der Baustellenmontage eine stationäre Arbeit, mit dem Unterschied, dass die Mitarbeiter zwischen den Plätzen wechseln.

Die Reihenmontage steht in Verbindung mit einem bewegten Objekt. Einzelne Arbeitsplätze können, wenn möglich übersprungen werden, was ein maßgeblichen Vorteil der Flexibilität bietet. Ein ähnlicher Vorgang findet in der Taktstraßenmontage statt, mit dem Unterschied, dass dort ein Taktzwang herrscht.

Die kombinierte Fließmontage bewegt den Mitarbeiter und das zu montierende Objekt gleichermaßen.[20]

Besonders in der industriellen Montage findet durch den ständigen Wandel am Markt ein hoher Konkurrenzdruck statt. Ein wesentlicher Kostenfaktor in jedem Unternehmen ist die manuelle Montage. Ein Großteil der Produktion und Montage erfolgt bereits wie bspw. in der Automobilindustrie über ein Fließband mithilfe von automatisierten Industrierobotern. Diese Automatisierung bietet große Vorteile bei Massenproduktionen. In einigen Bereichen erweist sich jedoch nur die manuelle Arbeit als wirtschaftlich. Auch die manuellen Montageprozesse sind in der Automobilindustrie über ein Fließband getaktet, wobei ein kurzer Stillstand zu einem hohen wirtschaftlichen Schaden führt und die Zuverlässigkeit im Vordergrund steht. Viele Unternehmen gelangen dabei an die Grenzen ihrer Flexibilität in Zusammenhang mit wirtschaftlicher Automatisierung. Das Montageband ist von mehreren Einflussfaktoren wie seinen reibungslos ineinandergreifenden Prozessen abhängig. Im Bereich der Automobil-Montage wird aufgrund der

[19] (Holtewert, et al., 2020 S. 141)

[20] Vgl. (Holtewert, et al., 2020 S. 129 ff.)

wachsenden Kundenindividualität ausgewählt bestellt und konfiguriert. Folglich wirkt sich eine hohe Variantenvielfalt auf die zu montierenden Produktfamilien aus, womit weiterhin manuelle Prozesse herangezogen werden müssen.[21] Manuelle Montagesysteme weisen eine enorme Anforderung an Flexibilität und Agilität auf und sind meist mit Arbeitsbereichen verbunden, die eine hohe Feinmotorik benötigen.

Um der Komplexität von der hohen Variantenvielfalt entgegenzuwirken, kamen in Unternehmen wie BMW und Audi bereits kollaborierende Roboter zum Einsatz. Diese Zusammenarbeit ermöglicht es Reproduzierbarkeit, Kontinuität der Qualität und der Flexibilität von Maschinen mit der Flexibilität, Anpassungsfähigkeit und Intelligenz von Menschen zu verknüpfen. Zeitgleich werden monotone und gesundheitsschädigende Montageaufgaben übernommen.[22]

4.2. Veränderung der Arbeitswelt

Bisher gestaltete sich die Einführung von kollaborierenden Robotern in der Montage noch als schwierig, da viele Veränderung in der Arbeitswelt mit einhergehen würden. Diese Veränderungen tragen nicht nur zu einer Umstrukturierung der Prozesse bei, sondern ferner auch einen maßgeblichen Teil für alle Mitarbeiter. Der direkte, physische Kontakt zwischen Mensch und Roboter muss dabei kritisch betrachtet werden. Kollaborierende Roboter sollen in der Theorie monotone und körperlich schwere Arbeit übernehmen und können dabei noch flexibel und ortsunabhängig verwendet werden. Der Mensch ergänzt die Arbeit des Roboters mit seiner Intelligenz, dem Verständnis zum Kontext und der Anpassung von Variabilität, womit die Stärken von Mensch und Roboter kombiniert werden. Der Mitarbeiter in der Montage kann sich somit komplexeren Aufgaben und einer größeren Verantwortung widmen.

Auf der anderen Seite muss sich die Frage gestellt werden, welche Tätigkeiten und menschliche Fähigkeiten bei einem solch hohen Maß an Unterstützung übrigbleiben. In vielen Beiträgen ist zu lesen, dass eine Angst gegenüber wegfallenden Arbeitsplätzen durch das Einsetzen von Robotern entsteht und sich die Frage gestellt, wie selbstbestimmend der Mensch noch agieren kann. Folglich dürfen ethische Aspekte bei der Einführung von kollaborierenden Robotern nicht vergessen werden. Ein maßgeblicher Punkt ist dabei die Moral einer Maschine, also das Moralisieren von einer Maschine durch Menschen. Eine Moral eines Roboters oder einer Maschine muss genau dann entstehen, wenn diese autonom handelt und bestimmte Bewegungsfolgen in ihrer Gesamtheit

[21] Vgl. (Matthias, et al., 2013 S. 1 ff.)
[22] Vgl. (Mobile Robotik in der bandsynchronen Montage zur flexiblen Mensch-Roboter-Interaktion, 2018 S. 2 ff.)

interpretieren kann. Diese maschinelle Moral basiert auf der Moral des Menschen. Ein kollaborierender Roboter kann durch seine Sensoren erkennen, wann eine bestimmte Bewegungsfolge gefährlich für den Menschen ist, um eine Kollision zu verhindern. Die Arbeitswelt wird und muss folglich menschengerecht gestaltet werden. Dies bedeutet konkret, dass der Mensch immer noch an erster Stelle steht und dieser ihm durch eine Programmierung Aufgaben zuweist und Ausführung, wenn nötig, korrigiert. Wie bereits mehrfach erwähnt, dient der kollaborierende Roboter der Verringerung des Arbeitsaufwands, wobei der menschliche Operateur auch in die Lage eines „Überwacher" versetzt wird. Fällt ein Roboter jedoch aus oder es ist ein Fehler entstanden, muss der Mensch dazu in der Lage sein, den Fehler einer Maschine nachzuvollziehen und beheben zu können. Zusätzlich kann eine wirtschaftlich positive Zusammenarbeit dann realisiert werden, wenn der Mitarbeiter Interaktionsmuster einer Mensch zu Mensch Zusammenarbeit, in die einer Kollaboration mit einem Roboter wiederfindet. Demnach kann der Mensch auf den Roboter ein Muster nach menschlicher Handlung projizieren. Es finden folglich Vermenschlichungseffekte gegenüber des Roboters statt. Trotz dieses Vermenschlichungseffekts gibt es Dinge, die ein Roboter (noch) nicht kann, wie bspw. aus Erfahrungen heraus Dinge ableiten wie es Menschen im Alltag tun. Dies kann einerseits zu einer Fehlerreduzierung führen und andererseits die Intelligenz eines Roboters verringern. Da jedoch gewissen Effekte einer Vermenschlichung auftreten, die nicht zu vermeiden sind, können ein ethischer Effekte wie eine Verantwortungsdiffusion, Assoziation zu Personen, emotionale Bindung entstehen.[23]

Um kollaborierende Roboter im Arbeitsalltag der Montage einsetzten zu können, muss eine grundlegende Akzeptanz gegenüber dieser Roboter herrschen. Die Wirtschaftlichkeit eines Unternehmens hängt maßgeblich von dieser Akzeptanz ab, da die optimale Funktion der Roboter ebenso abhängig von seinem Bediener/Programmierer ist. Aspekte wie arbeitsbezogene Relevanz, Qualität des Ergebnisses und die Benutzerfreundlichkeit spielen dabei eine entscheidende Rolle.[24] Die durch Menschen ausgeführte, eintönige Arbeit geht meist mit einer geringen Wertschöpfung einher. Durch die Abnahme von monotoner und körperlich schwerer Arbeit, kann die Qualität eines Wertschöpfungsprozesses stabil gehalten werden. Roboter sind dazu in der Lage rund um die Uhr und ohne Qualitätsverlust zu arbeiten. Für die Planung von Prozessen kann dies für Mitarbeiter bedeuten, dass diese flexibler bei den Montagetätigkeiten eingesetzt werden können,

[23] Vgl. (Remmers, 2020 S. 63 ff.)
[24] Vgl. (Gerst, 2020 S. 151)

da die Anlernzeit der Beschäftigten durch das Einsetzen kollaborierender Roboter verkürzt wird.[25] Auf der anderen Seite muss eine genauste Einführung gegenüber der kollaborierenden Roboter stattfinden. In der vorliegenden Arbeit wurde bereits erwähnt, dass die Programmierung dieser Roboter, anders als bei den Industrierobotern, einfach gestaltet wurde. Folglich können durch die einfache Umprogrammierung Mitarbeiter selber Anpassungen vornehmen, womit sie sich möglichweise in Gefahr bringen können. Es werden vermehrt technische Fachkräfte benötigt, die ausreichend vorbereitet werden.

Eine Zusammenarbeit mit kollaborierenden Robotern für Beschäftigte in der Montage bedeutet zeitgleich eine Einteilung der einzelnen Montageschritte durchzuführen. Die Reihenfolge von Prozessen muss ebenso neu durchdacht werden, wie die Beschaffenheit des einzelnen Arbeitsschrittes. Folglich gilt es fachlich beurteilen zu können, wann ein Roboter besser geeignet ist als ein Mensch.

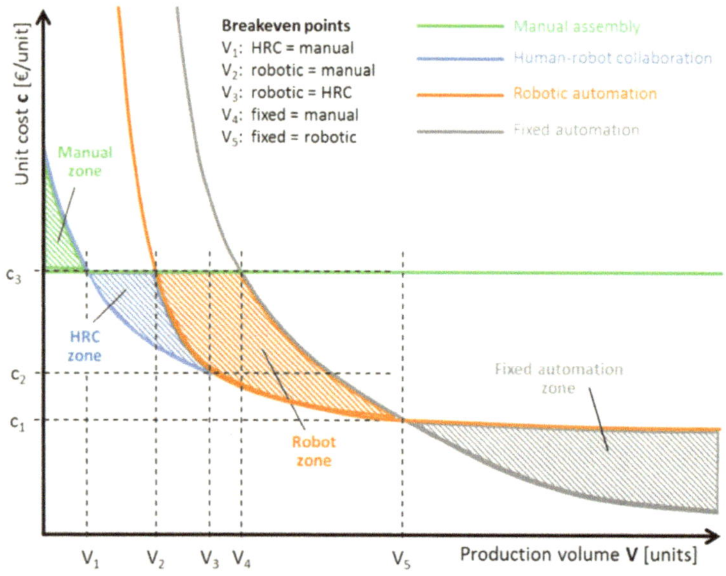

Abbildung 5: Wirtschaftliche Anwendbarkeit von verschiedenen Produktionsparadigmen[26]

Durch die Abbildung wird deutlich in welchen Bereichen des Produktionsvolumens eine Einführung von Robotern als sinnvoll betrachtet werden kann. Im Fokus steht dabei die Wirtschaftlichkeit. Folglich wurde erkennbar, dass eine Erweiterung der Automatisierung bei

[25] Vgl. (Steffen, 2020 S. 8)
[26] (Matthias, et al., 2013 S. 4)

niedrigen Stückzahlen durch kollaborierende Roboter (Human-robot collaboration) möglich gemacht werden kann.

5. Fazit

Kollaborierende Roboter besitzen in Diskussionen um Industrie 4.0 einen hohen Stellenwert. Die abschließende Betrachtung dient der Wiedergabe von wesentlichen, erarbeiteten Aspekten. Die maßgeblichen Vorteile eines Roboters in der Montage dienen der Verbesserung ergonomischer Gegebenheiten. Kollaborierende Roboter werden zur Unterstützung von monotonen und körperlich beanspruchenden Aufgaben eingesetzt und können Routinearbeit mit einer gleichbleibenden Qualität erledigen. Ein großer Aspekt ist die physisch, direkte Zusammenarbeit die gegebene Sicherheitsvorkehrungen voraussetzt. Folglich werden kollaborierende Roboter mit Normen versehen und biomechanische Grenzwerte bezüglich Annäherungsgeschwindigkeit und Berührungskraft detailliert eingearbeitet.

Ein wesentlicher Aspekt in der Zusammenarbeit mit dem Menschen ist die Ethik. Nach wie vor stehen Fragen der Ersetzbarkeit durch Maschinen und Selbstbestimmung im Raum. Eine Zusammenarbeit ohne eine Akzeptanz der Mitarbeit kann einen großen wirtschaftlichen Schaden verursachen. Zusätzlich muss erwähnt werden, dass der Mensch als Bediener im Mittelpunkt der zu verrichtenden Arbeit steht. Roboter werden nach Bedürfnissen und der Moral eines Menschen konzipiert. Ein Cobot kann ohne seinen Bediener nicht den wirtschaftlichen Erfolg erbringen. Kollaborierende Roboter wurden für die Zusammenarbeit zwischen Mensch und Roboter konzipiert. Ohne die menschliche Intelligenz und Flexibilität wäre der Roboter nicht von Nutzen. Eine Kollaboration kann durchaus von Nutzen in ausgewählten Bereichen der Montage haben. Wichtig dabei ist die Betrachtung von sich verändernden Prozessen in der Arbeitswelt, die Akzeptanz und fachgerechte Einarbeitung der Mitarbeiter. Die genannten Einsatzbeispiele sind aufgrund der komplexen Umsetzung und Umstrukturierung noch sehr eingeschränkt vertreten. Eine zukünftige Menschenleere Montagehalle ist aufgrund der benötigten Kompetenzen und Fähigkeiten eines Menschen, wie bspw. Entscheidungen aufgrund von Erfahrungen zu treffen, derzeit nicht vorstellbar.

6. Quellenverzeichnis

6.1. Literaturverzeichnis

Botthof, Alfons: 2014. *Zukunft der Abeit in Industrie 4.0.,* Hrsg. Hartmann, Ernst Andreas Berlin 2014.

Bix, Johannes: *Mobile Robotik in der bandsynchronen Montage zur flexiblen Mensch-Roboter-Interaktion,* Stuttgart, 2018: Fraunhofer IPA, 2018, Bd. 88.

Buxbaum, Hans-Jürgen und Kleutges, Markus: Evolution oder Revolution? Die Mensch-Roboter-Kollaboration, Hrsg. Hans-Jürgen Buxbaum. *Mensch-Roboter- Kollaboration.* Krefeld, 2020, S. 15-30.

Gerst, Detlef. 2020. Mensch-Roboter Kollaboration- Anforderungen an eine humane Arbeitsgestaltung, Hrsg. Hans Jürgen Buxbaum. *Mensch-Roboter-Kollaboration.* Krefeld, 2020, S. 145-161.

Holtewert, Philipp und Wiendahl, Hans-Hermann. 2020. Fertigungs- und Montagesysteme, Hrsg. Thomas Bauernhansl. *Fabrikbetriebslehre 1.* Stuttgart, 2020, S. 129-160

Huber, Walter. 2018. *Industrie 4.0 kompakt-Wie Technologie unsere Wirtschaft und unsere Unternehmen verändert.* Haar, 2018.

Matthias, Bjoern und Ding, Hao. 2013. *Die Zukunft der Mensch-Roboter Kollaboration in der industriellen Montage* : ABB AG Forschungszentrum, 10 2013,

Reichenbach, Matthias: *Merkmale der Mensch-Robter Kooperation im produktiven Umfeld.* Magdeburg, 2013.

Remmers, Peter: Ethische Perspektiven der Mensch-Roboter Kollaboration. Hrsg. Hans-Jürgen Buxbaum. *Mensch-Roboter-Kollaboration.* Krefeld, 2020. S. 55-67.

Rusch, Tobias: Kollaborative Robotikanwendungen an Montagearbeitsplätzen. *HMD.* 2020, 57.

Schleicher, Tim: *Kollaborierende Roboter anweisen.* Leipzig, 2019.

Schulthess, Marc, Herstatt, Cornelius und Kalogerakis, Katharina: *Innovationen durch Wissenstransfer.* Hamburg, 2014.

Steffen, Eckhard: *Handbuch Gestaltung digitaler und vernetzter Arbeitswelten.* Bielefeld, 2020.

Zuse, Konrad: *Heresfelder Zeitung.* Bad Heresfeld, 2005.

6.2. Verzeichnis der Internetquellen

Bendel, Oliver: *Industrie 4.0,* in Gabler Wirtschaftslexikon. https://wirtschaftslexikon.gabler.de/definition/industrie-40-54032. [Online] 07. 01 2019. [Zitat vom: 17. 05 2021.]

Bendel, Oliver: *Kollaborierende Roboter,* in Gabler Wirtschaftslexikon. https://wirtschaftslexikon.gabler.de/definition/kollaborationsroboter-54315/version-368840. [Online] 01. 07 2019. [Zitat vom: 19. 05 2021.]

o.V.: *ABB*, in https://library.e.abb.com/public/c3d7dc0033c64c6089512a635df2f435/Datenblatt_CRB15000_lowres.pdf. [Online] 2021. [Zitat vom: 01. 06 2021.]

o.V.: *KUKA*, in https://www.kuka.com/-/media/kuka-downloads/imported/6b77eecacfe542d3b736af377562ecaa/db_lbr_iiwa_de.pdf?rev=e5c0c450b4fb4ae9968149c574bb5a16&hash=72E5B7A39C06FDC258EB5A72CADA4847. [Online] 2020. [Zitat vom: 01. 06 2021.]

o.V.: *LBR iiwa,* in *KUKA*. https://www.kuka.com/de-de/produkte-leistungen/robotersysteme/industrieroboter/lbr-iiwa. [Online] KUKA, 2021. [Zitat vom: 01. 06 2021.]

o.V.: *Universal-robots,* in https://www.universal-robots.com/products/ur16-robot/. [Online] Universal-robots, 2021. [Zitat vom: 01. 06 2021.]

Sagert, Stefan: *DIN*, in https://www.din.de/de/mitwirken/normenausschuesse/nam/veroeffentlichungen/wdc-beuth:din21:263754912. [Online] 04 2017. [Zitat vom: 19. 05 2021.]